海洋脉动

张春晖 ◇ 著

丛 书 主 编　郭曰方
丛书副主编　阎　安　于向昀
丛 书 编 委　马晓惠　深　蓝
向思源　阎　安
于向昀　张春晖

山西出版传媒集团
山西教育出版社

图书在版编目(CIP)数据

海洋脉动/张春晖著. —太原:山西教育出版社,2015. 9(2018. 8 重印)
("蓝钥匙"科普系列丛书/郭曰方主编)
ISBN 978-7-5440-7802-3

Ⅰ. ①海… Ⅱ. ①张… Ⅲ. ①海洋-少儿读物 Ⅳ. ①P7-49

中国版本图书馆 CIP 数据核字(2015)第 159454 号

海洋脉动

HAIYANG MAIDONG

责任编辑 彭琼梅
复 审 杨 文
终 审 郭志强
装帧设计 薛 菲
内文排版 孙佳奇 孙 洁
印装监制 蔡 洁

出版发行 山西出版传媒集团·山西教育出版社
(太原市水西门街馒头巷 7 号 电话:0351-4035711 邮编:030002)
印 装 重庆三达广告印务装璜有限公司
开 本 787×1092 1/16
印 张 7
字 数 157 千字
版 次 2015 年 9 月第 1 版 2018 年 8 月第 3 次印刷
印 数 8 001-13 000 册
书 号 ISBN 978-7-5440-7802-3
定 价 36. 80 元

目录

人物介绍

姓名 蠹鱼

昵称：小鱼儿

性别：请自己想象

年龄：加上吃过的古书的年龄，已超过3000岁

性格：（自诩的）知书达理

爱好：吃书页，越古老越好

口头语：这个我知道！ 我会错吗？

姓名 阿龙

昵称：龙哥

性别：男

年龄：因患疑似痴呆症，忘记了

性格：迟钝、温和

爱好：旅游、欣赏自然、提问

口头语：可是这个问题还是没解决啊！

引言

屋顶的防水层老化了，什么时候换新的？
去问海洋！

怎么什么都让我问海洋啊？
因为这些事我都不知道，可海洋都知道！

有一句很有用的“咒语”，可以帮助你回答各种问题，你信不信？

不信？那咱就试试。

这句“咒语”就是——去问海洋！

比如说，有人问你：“今天吃什么？”你可以想都不想地回答他：“去问海洋！”

再比如说，有人问你：“暑假你想去哪儿玩啊？”你照样可以回答：“去问海洋！”

还有，有人问：“今天天气怎么样？”你依然可以回答他：“去问海洋！”

哦，当然，很可能你抬头看一眼，就能弄清楚今天天气如何，但是，念这句“咒语”感觉比较酷嘛。

之所以说这句“咒语”很有用，倒不光是因为在各种情况下它都能帮你很简单地回答问题，还因为你给出这个答案，别人没法说你的回答是错的。

因为你给出的这个答案，也就是这句有用的“咒语”，其中包含很深刻的道理——

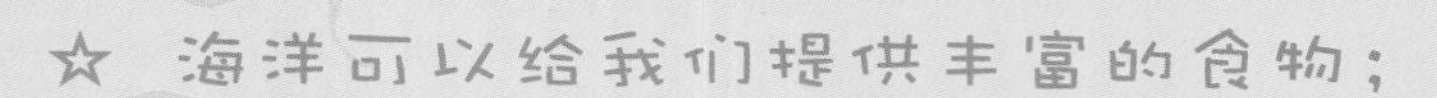

☆ 海洋可以给我们提供丰富的食物；

☆ 海水里含有多种化学元素，其中90%左右是氯化钠，也就是我们必不可缺的食盐；

☆ 海水是名副其实的液体矿藏，平均每立方千米的海水中有3570万吨的矿物质；

☆ 海洋是石油和天然气等资源的重要产地；

☆ 海洋中蕴藏着丰富的矿产资源；

☆ 海洋还是全球气候系统中的一个重要环节，是地球的“气候调节器”；

……

怎么样，现在你相信了吧？我教给你的这句“咒语”足以抵得上哈利·波特那句“阿拉霍洞开”。

所以，如果将来再有人问你类似的问题，你只要简单地回答他一句“去问海洋！”，就全都可以解决了。

一　天上掉下海水来

明天，晴转多云，西北部地区下海岭，东南部地区晾海沟，局部地区下海底火山……

我被电视台开除了。
活该！有那么播天气预报的吗？

有一句经典的广告词，问过这样一个问题："如果没有联想，世界将会怎样？"

现在，我想提一个类似的问题——你有没有想过，

如果没有海洋，世界将会怎样？

答案就是：你和我都将不存在了！

如果没有海洋，地球上将不会有生命，当然也就不会有你和我了。

所以说，海洋的存在对我们，甚至对整个地球来说，都是非常重要的。

那么，这么重要的海洋是从哪里来的呢？

答案非常简单——海洋么，是从天上掉下来的。

你可能会说：听说前几年你就到处忽悠别人，说数字是从天上掉下来的，这回又说海洋也是打天上掉下来的，是不是在你看来，所有的东西都是从天上掉下来的啊？

你也可能会说：你也太不负责任了，怎么跟某些科幻作家似的，遇到解决不了的问题，就都说是外星人干的？

哎呀，这可真是冤枉我了，据我所知，海洋确实是从天上掉下来的。不信？我把科学家们的研究结果拿给你看。不过，这事说来话长了，你要先做好思想准备哟。

这个天上掉海洋的事，得从太阳系的形成说起——

现在的研究证明，大约在50亿年前，从太阳星云中分离出一些大大小小的星云团块。它们一边绕太阳旋转，一边自转。在运动过程中，互相碰撞，有些团块彼此结合，由小变大，逐渐成为原始的地球。

形成地球的星云团块在碰撞过程中，因引力的作用而急剧收缩，并且，处于内部的放射性元素也在蜕变，这些变化不断地给原始地球加热增温。当原始地球的内部温度足够高时，其内部的物质，包括铁、镍等金属元素，就开始熔解。在重力作用下，较重的元素下沉，并向地心集中，最终形成地核；较轻的元素上浮，形成地壳和地幔。

在高温下，内部的水分汽化，与气体一起冲出来，飞升进入空中。但是由于原始地球本身具有强大的引力，这些气体及汽化的水分不会跑掉，而是在地球周围，形成气水合一的圈层。

位于地球表面的一层地壳，在冷却凝结过程中，不断受到地球内部剧烈运动的冲击和挤压，于是变得褶皱不平。有的时候，表层地壳可能会被挤破，因而发生地震和火山爆发，喷出岩浆和热气。在原始地球刚刚形成时，这种情况很频繁，后来渐渐变少，慢慢稳定下来。这种轻重物质分化，产生大动荡、大改组的过程，大概是在45亿年前完成的。

地壳经过冷却，逐渐定形，此时，高山、平原、河床、海盆……各种地形也就正式形成了。但这个时候的地球表面，还没有出现海洋。因为大量的水还在以气体的形态飘浮在空中。

在很长的一段时期内，天空中水汽与大气共存于一体，浓云密布，天昏地暗。随着地壳逐渐冷却，大气的温度也慢慢地降低，水汽以尘埃和火山灰为凝结核，变成水滴，越积越多。由于冷却不均匀，空气对流剧烈，形成雷电狂风，暴雨浊流，雨越下越大，一直下了很久很久。滔滔的洪水，通过千山万壑，汇集成巨大的水体，这就是原始的海洋。

原始的海洋，海水不是咸的，而是酸性且缺氧的。水分不断蒸发，反复地成云致雨，把陆地和海底岩石中的盐分溶解，使其不断地汇集于海水中。经过亿万年的积累融合，才变成了大体均匀的咸水。同时，由于大气中当时没有氧气，也没有臭氧层，紫外线可以直达地面。于是，靠海水的保护，生命首先在海洋里孕育出来。大约在38亿年前，海洋里产生了有机物，低等的单细胞生物随之诞生，这是地球上的首批生物。到了6亿年前的古生代，改变地球命运的生物——海藻产生了。海藻们利用阳光进行光合作用，生产出大量的氧气，氧气逐渐累积起来，形成了臭氧层。此时，生物才开始登上陆地。

总之，经过水量和盐分的逐渐增加，及地质史上的沧桑巨变，原始海洋才逐渐演变成今天的模样。

连绵不绝的盐水水域，分布于地表的巨大盆地中，面积约 362000000 平方千米，接近地球表面积的 71%。海洋中含有 1350000000 多立方千米的水，约占地球总水量的 97%。

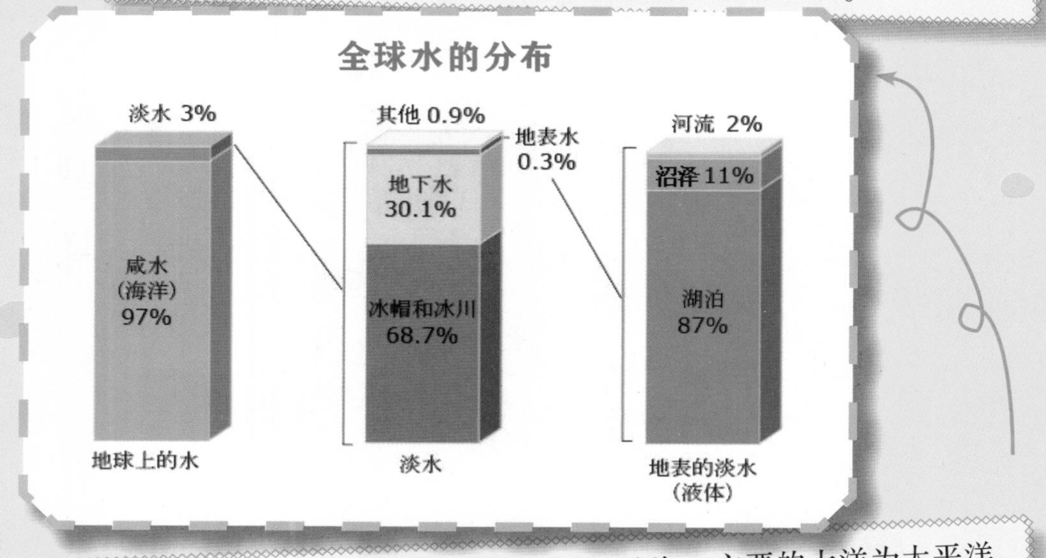

全球海洋一般被分为数个大洋和面积较小的海，主要的大洋为太平洋、大西洋、印度洋和北冰洋，有科学家将南极洲附近的海域划为第五大洋，称为“南冰洋”。大洋大部分以陆地和海底地形线为界。四大洋在环绕南极大陆的水域，即南极海大片相连。

传统上，南极海也被分为三部分，分别隶属三大洋。将南极海的相应部分包含在内，太平洋、大西洋和印度洋分别占地球海水总面积的46%、24%和20%。

珊瑚海，是世界上最大、最深的海，位于太平洋西南部，面积约480万平方千米。珊瑚海平均深度2243米，最深处近万米。著名的珊瑚礁——大堡礁就纵贯于珊瑚海中。

相关链接

“灾星”运水

在古代，全世界各地都认为彗星会给人类带来洪水、干旱等天灾，尤其可能引发战争，因此，古人把彗星看作“灾星”，认为它的出现是非常不吉利的事。

然而，现在科学界有一种主流理论认为，地球上的水并不是在地球形成过程中产生的，而是在地球已形成许多许多年后，由一连串撞向地球的彗星带来的。

也就是说，在倡导这种理论的科学家眼中，彗星非但不是灾星，反倒是给地球带来可喜改变的福星。

这些科学家们解释说：大约 45 亿年前地球形成的时候，太阳的热量把太阳系里的大部分水分赶到了星系的外围地区，这些水分至今还以冰冻的形式存在于土星环、木星的卫星欧罗巴、海王星、天王星以及数以十亿计的彗星之中。在地球形成 800 万年后，含有大量冰的彗星撞向地球，给地球捎来生命赖以生存的水。

以前科学家们认为，水的来源是太空和地球内部，而地球海水来自彗星的数量不超过总量的 10%。但后来科学家们发现，地球表面的水会向太空流失。这是因为大气中水分子在太阳紫外线的作用下，会分解成氢原子和氧原子。当氢原子到达 80~100 千米气体稀薄的高热层中时，氢原子的运动速度足以挣脱地球引力，

因而会脱离大气层，进入太空。科学家们推算，飞离地球表面的水量与进入地球表面的水量大致相等。但地质科学家却发现，2 万年来，世界海洋的水位涨高了大约 100 米。于是，地球表面水量不断增多就成为了难解之谜。

近年来，美国衣阿华州立大学研究小组的科学家，从人造卫星发回的数千张地球大气紫外线辐射图像中发现，在圆盘形状的地球图像上总有一些小黑斑。每个小黑斑大约存在 2 ~ 3 分钟，面积约有 2000 平方千米。经过分析，这些斑点是由一些看不见的冰块组成的小彗星冲入地球大气层，破裂、融化成水蒸气造成的。科学家估计，每分钟大约有 20 颗平均直径为 10 米的冰状小彗星进入地球大气层，每颗释放约 10 吨水。这一证据说明，地球得以形成今天这样庞大的水位，得益于这些小彗星不断地供给补充水分。

此外，对彗星的观测结果表明，彗星表面有类似海洋的水资源，这意味着地球上的海洋很有可能源自彗星碰撞地球带来的冰水物质。研究人员使用赫歇尔空间望远镜发现，哈特利2号彗星上的冰物质类似于地球海洋的化学成分，这项最新研究显示，彗星可能为地球带来生命兴旺繁衍所必需的水资源，使地球早期生命得以发展。

海洋的形成与地球的形成和发育密切相关。通常说到海洋时，人们总会说，“地球表面覆盖着海洋”，然而，最近科学家们发现，在地球深处也蕴藏着“海洋”。

地质学家通过实验室模拟，在人们最意想不到的地表之下1000多千米的地层深处找到了水。在温度达1000摄氏度以上、并且承受高压的矿物岩里，可能储藏着相当于地球所有大洋中水量5倍的水。

这项发现对于弄清地球是如何形成和发育的，可能会有很大帮助。

二　海洋的账本

什么叫海洋里出来的都会算小账？
果然是海洋里出来的，都会算小账。

海洋也记账吗？
亏你还是龙呢，居然连海洋怎么记账都不晓得。

俗话说，“家家有本难念的经”，同样的道理，家家都有本难记的账。

说得再准确些：并不是这些账目难记，而是要把已经记好的账解释清楚，是有一定难度的。因为这些账目很可能是乱七八糟的一堆流水账，没有按照条目整理过。

如果你能够把每一笔账记清楚，把收入、支出的情况解释清楚，并且弄明白造成亏损的原因——如果你真有亏损的话——那么，你就能总结出一大堆经验教训，并且积极吸取教训，保证你收益“大大的”。

账目清楚有利于增加收益，这种收益可能不单是金钱上的，还有时间上的。不仅你的家庭是这样，别人家也是这样，并且，各个单位，乃至国家，都是如此。

海洋也有一本账，而且还是很标准的流水账。这本流水账记得很全很全，写下第一笔账的时候，我们的爷爷的爷爷的爷爷的爷爷的……爷爷可能还没有出生呢，确切地说，那个时候，我们人类还没有进化出来呢！

你可不要指望海洋能像你们家的大人那样，把所有账目都能说个清楚明白，想要读懂海洋记的账，还得请研究人员来帮忙。不过呢，只要能够掌握海洋记下的这本账，我们就能得到许多好处——比如说，可以了解天气状况，可以捕捞到更多的海产品，可以获得更多的海底矿藏……总之，能让我们过得更舒适、更方便、更开心。

海洋的这本账，其中的条目是海洋的基本属性，也可以看作海洋的基本元素，包括海水温度、海水盐度、海水密度等。

和我们常见的一切普通物体一样，海洋也具有温度这一属性。温度，是用以表示物体冷热程度的物理量。海洋，或者说海水的温度，是反映海水冷热状况的一个物理量。全球大洋表层年平均水温为17.4摄氏度，比全球陆地表面的年平均气温高3.1摄氏度。世界海洋的水温变化，一般在零下2摄氏度到30摄氏度之间，年平均水温超过20摄氏度的区域，占海洋总面积的一半以上。

与其他物质相比，水储存热量的能力很大，而海水中包含的其他物质，使得海洋温度具有很多特性，及独特的变化规律。

海洋温度具有日、月、年和多年等周期变化和不规则变化。这些变化主要取决于海洋热量的收入和支出状况。通常，影响海洋表层水温的因素有太阳辐射、沿岸地形、气象、洋流等。

海洋温度与太阳辐射有关

在大洋中心地区，海面温度每天的变化不到1摄氏度，最高温度滞后于太阳辐射最强的时间。北半球海面一年中的二月和八月分别为最低和最高温时间，南半球反之。

海洋表层温度除有水平差异外，还向深层减低。一般来说，除了极地海域以外，大洋水温的垂直变化是明显的，但上层海水温降低得快，而下层降低得慢，甚至趋于均匀变化。通常海洋上部1000米的水层内，水温从表层向下层明显降低，而在大约1000~2000米内水温则变化很小。

随着海水深度的逐渐增加，水温逐步下降，深度每增加1000米，水温下降大约1~2摄氏度。在南、北纬约45°之间，海水水温的垂直分布可分三层：在大洋表层100~200米以内的混合层，由于对流和风浪引起海水的强烈混合，水温均匀；混合层以下为温跃层，水温随深度增加而急剧降低；在温跃层以下直到海底为恒温层，水温一般变化很小，常在2 ~ 6摄氏度之间，尤其在2000 ~ 6000米深度区，水温仅为2摄氏度左右，故称恒温层。

海水温度是海洋水文状况中最重要的因子之一，常作为研究海水性质，描述海水运动的基本指标。研究海水温度的分布及变化规律，不仅是海洋学的重要内容，而且对气象、航海、捕捞业和水声等学科也很重要。

“蛟龙”号拍摄的深海海底

如果你看过《海陆之盟》这本书，你肯定知道，海水不能直接饮用，因为海水里含有大量的盐分。

在斯堪的纳维亚半岛，流传着这样一个民间故事：在暗深的海底有一个神灵，总在不停地推一架磨，磨出来的盐不断地溶进海水里，所以，海水一直都是咸的。

海水中含有各种盐类。不过，这些盐并不是神灵磨出来的。科学家们把海水和河水加以比较，并研究了雨后的土壤和碎石，得知海水中的盐是由陆地上的江河通过流水带来的。当雨水降到地面，便向低处汇集，形成小河，流入江河，还有一部分水穿过各种地层渗入地下，然后又在其他地段冒出来，最后都流进大海。水在流动过程中，经过各种土壤和岩层，使其分解产生各种盐类物质，这些物质都随着水流被带进大海。海水经过不断蒸发，盐的浓度也就越来越高了。

海水盐度是海水中含盐量的一个标度。1902 年首次建立盐度的定义。随着海洋科学的发展，对盐度值的准确性要求越来越高。因此，对盐度的定义，后来又作了几次修订。

海水盐度是指海水中全部溶解的固体重量与海水重量之比，通常以每千克海水中所含的盐类物质的克数表示。世界大洋的平均盐度为 3.5%。这些溶解在海水中的无机盐，最常见的是氯化钠，即日常用的食盐。

海水盐度因海域所处位置不同而有差异，有些盐来自海底的火山，但大部分盐来自地壳的岩石。岩石受风化而崩解，释放出盐类，再由河水带到海里去。在海水汽化蒸发后，盐留了下来，逐渐积聚到现有的浓度。

海水盐度主要受气候与大陆的影响。在外海或大洋，影响盐度的因素主要有降水、蒸发等；在近岸地区，盐度则主要受河川径流的影响。

从低纬度到高纬度，海水盐度的高低，主要取决于蒸发量和降水量之差。蒸发使海水浓缩，降水使海水稀释。

此外，有河流注入的海域，海水盐度一般比较低。

海水含盐量是海水的重要特性，它与温度和压力一样，都是海水的基本参数。海洋中发生的许多现象和过程，常与盐度的分布和变化有关。

海水密度指的是单位体积内所含海水的质量，单位为“克每立方厘米”。

由于海水中含有大量的盐分，其密度要比我们日常生活饮用的纯净水大一些。海水的密度状况，是决定海流运动的最重要因子之一。

海水密度是由海水的盐度、温度和压力三个因素决定的，其中任何一个因素发生改变，都会引起海水密度的变化。

通常，在 0 摄氏度时，正常盐度的海水密度约为 1.028 克每立方厘米，温度升高时密度减小，盐度增加时密度增大，气压加大时密度增大。海水的压力随着海水深度的增加而增大。

海水密度的垂直分布规律是从表层向深层逐渐增加的。在不同海域，海水密度不同。这取决于海水的含盐量。比如说，波罗的海的盐度最低，海水密度也最低；红海盐度最高，海水密度也最大。在大河出海口处海水的盐度接近淡水，它的密度也相对较小，但也可能因为河水裹挟泥沙的原因使得海水密度增大。

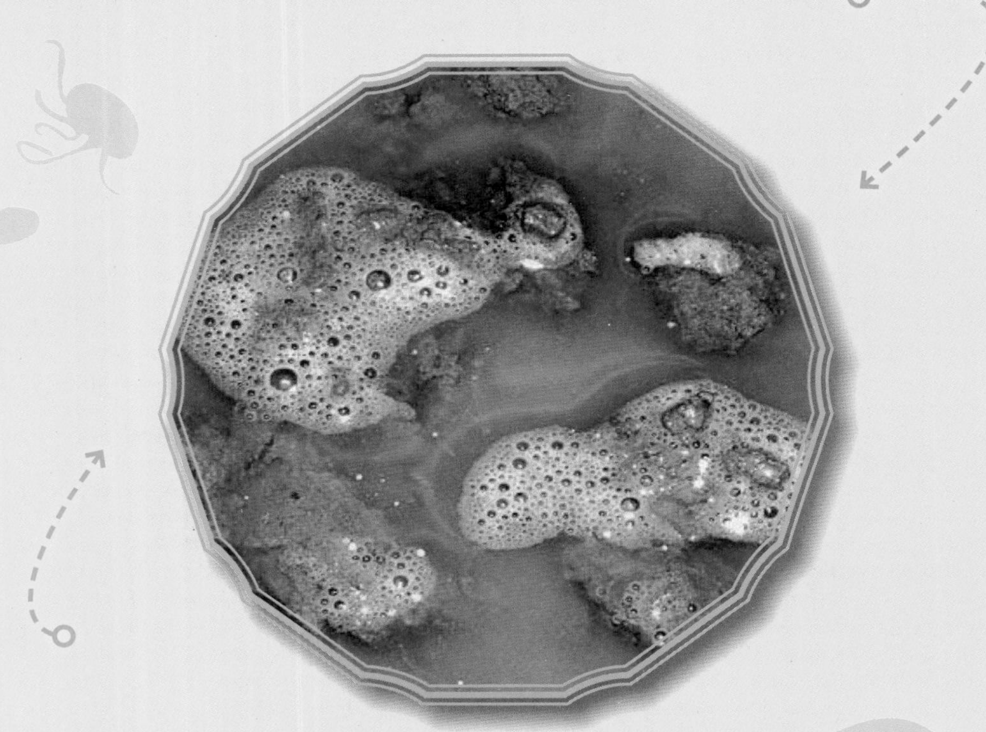

另外，在深海处强大的水压会使水分子排列得更为紧凑，这使得海水密度增大。因此，在不同深度，海水的密度也会产生差别。

可燃冰的存在，也是影响海水密度的一个因素。可燃冰是甲烷的水合物，这种物质极不稳定，可分解产生甲烷气体。在某些海区，由于可燃冰的分解而使海水中出现大量气泡，导致海水密度降低。目前，随着气候变暖，两极冰盖融化，海水正在不断地变淡。

相关链接

死水效应

1893年，挪威探险家和科学家南森指挥“弗拉姆”号考察船在北极附近航行，他正准备向北极点接近时，考察船似乎遇到了阻碍，速度明显慢下来。船员没有偷懒，船也没有撞上冰山或是浮冰。船就这样神秘减速了。接下来，南森还发现，他的船似乎被一种神秘的力量控制了，这种力量有时让船无法转向，有时会让船自动拐弯！考察船的仪器完好无损，可就是不听使唤，许多船员对此感到十分恐慌，以为他们的航行惊动了北极地区神秘的水怪呢！

南森既是一位科学家，还是一位经验丰富的北极探险家，但是连他也无法解释自己遇到的这个北极怪现象，于是他给这种现象起了一个名字，叫作“死水效应”。后来，科学家们终于弄清了“死水效应”的真相——

海水也像三明治一样，存在着许多层。你所看到的海水，从海面到海底仿佛是一体的，但其实看似“一体”的海水有着许多水层，它们一层摞一层紧密地叠在一起，就像三明治一样，只是由于海水是透明的，人用肉眼瞧不出来而已。导致海水分为许多水层的原因是：每一层海水的密度不同，而海水的密度不同，是因为海水含盐量不一样造成的。

海水和空气是不同的物质，两种物质相互接触的表面被称为“界面”。在水体中也会出现多个水层，它们之间也存在着界面。海洋会因不同的盐度分成许多不同的层次。北极水域的海水，由于冰山融化后形成的淡水短时间内没有与海水混合，在海水表面形成一个盐度很低的淡水层，和高盐度的海水之间形成了一个水面下的界面。水下无形的水界面所隐藏的波浪使得船被“拖住”了。

当一片水域具有不同盐度的两层或更多层的水层时，就会出现这种船被拖住动弹不得的情况，其实并不是水真的死了，而是船只在这样的水上难以移动，人们认为船很可能会沉没，所以才叫这种多层次的水为“死水”。当船只航行时，深层的水体被搅动，来自下层的水被吸引到上面来，填充船只所形成的旋涡。随着船只向前行驶，这种水体的振荡越来越剧烈，界面处的波浪也越来越大，甚至大到影响了船只的正常行驶速度。一些在平静的海水中游泳的人，会突然遇到划水非常困难的意外，这其实也是“死水效应”造成的。

海水的透明度和水色关系非常密切。它们是水光学因子的两种不同表达方式。海水透明度是表示海水能见程度的一个量度，即光线在水中传播一定距离后，其光能强度与原光能强度之比。水色是指海水的颜色，是由水质点及海水中的悬浮质点所散射的光线来决定的。

水色与透明度之间存在着必然的联系，一般说来，水色高，透明度大；水色低，透明度小。

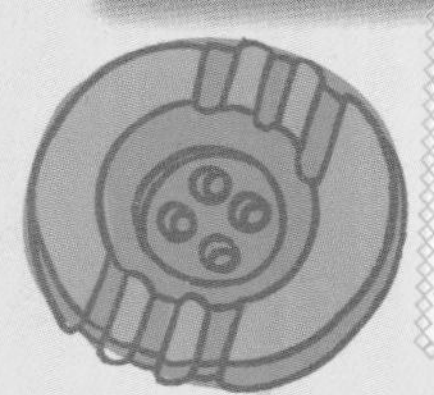

影响透明度及水色的因素有海水中的悬浮物质、浮游生物的含量、江河入海径流、天空中的云量、海水的涡动与混合，以及风、浪、流、潮等。

一般说来，浅海的水色较大洋低。这是因为在浅海，从大陆带来的泥沙最多，潮汐、波浪和径流的作用强烈，由此所引起的混合常常能直达海底。另外，浅海受大陆的影响，温度变化剧烈，促使海水发生垂直对流，因此，浅海海水的运动较大洋剧烈，使已有的悬浮物质难以沉淀，并使下层富含营养盐的海水不断上升。同时，径流也带来大量的营养盐类，使浅海海洋生物的繁殖量远比大洋大，这就使浅海水色较大洋低。

透明度及水色存在着明显的季节变化。冬季海水冷却下沉，对流混合强烈；加之风大，浪大，水层不稳定，海水变浑浊，水色低，透明度小。夏季因海水增温，对流减弱，水色和透明度都比较高。至于河口地区，一般在江河入海径流小的枯水季节透明度较大；洪水时期则相反，水色、透明度均比较低。

清澈的海水

挑战读者

海水之所以是蓝色的，是因为它反射了天空的颜色，对吗？

答案：不对。海水的颜色并非由天空颜色引起的，而是海水本身的一种性质。太阳光线肉眼看是白色，实际上它是由红、橙、黄、绿、青、蓝、紫七种可见光所组成。这七种光线的波长各不相同， 而不同深度的海水会吸收不同波长的光线。波长较长的红、橙、黄等光线射入海水后，先后被逐步吸收，而波长较短的蓝、青光线射入海水后，遇到海水分子或其他微细的、悬浮在海水里的物质，便向四面散射和反射，特别是海水对蓝光吸收得少，而反射得多，越往深处越有更多的蓝光被折回到水面上来，因此，我们看到的海洋便是蔚蓝色的一片了。

相关链接

渤海黄河入海口

彩色的海

俗话说得好：骑白马的不一定都是王子，也有可能是唐僧。

同样的道理，海洋不一定都是蓝色的，而可能具有各种颜色。虽然海水能够散射蓝色光，但当某种使海水变色的因素强于散射所产生的蓝色时，海水就会改头换面，五彩缤纷了。比如说，渤海因有黄河、海河、辽河及滦河等注入大量泥沙，温度又比较适宜，浮游生物丰富，是中国近海透明度小、水色低的海区。渤海近岸一带海水浑浊，多呈黄色，仅海区中央透明度稍大，在10米左右，海水多呈绿色。

不仅泥沙能改变海水的颜色，海洋生物也能改变海水的颜色。介于亚洲、非洲间的红海，海水水温及海水中含盐量都比较高，因而海内红褐色的藻类大量繁衍，成片的珊瑚以及海湾里红色的细小海藻使得红海整体呈淡红色，因而得名红海。

黑海是地球上唯一的双层海，且是一个面积大并缺氧的海洋系统。在200米以内的水层中，氧气含量极低，在缺氧环境下，厌氧细菌将海水中的硫酸盐分解为有毒的硫化氢，因而黑海除上层海水有鱼类等生存外，在深海区及

海底几乎是一个死寂的世界。同时硫化氢呈黑色，致使深海海水呈现黑色。另外，黑海多风暴、阴霾，特别是夏天狂暴的东北风在海面上掀起灰色的巨浪，海水漆黑一片，故得名黑海。

白海之所以得名是因为掩盖在海岸的白雪不化。它是北冰洋的边缘海，深入俄罗斯西北部内陆，异常寒冷，结冰期达六个月之久。厚厚的冰层冻结住了白海的港湾，其海面长期被白雪覆盖。由于白色面上的强烈反射，致使我们看到的海水是一片白色。

彩色的海，是大自然的杰作。

白海

小书虫的解说：

海水的温度、盐度、颜色和透明度，都受陆地的影响，有明显的变化。

三　海冰

船撞在冰山上沉了。

呸！都怪你太财迷，非要抢什么“大钻石”！
都怪冰山！

相信你一定看过《泰坦尼克号》这部电影。它取材于一个真实的历史事件：1912年4月10日，“泰坦尼克”号从英国南安普敦出发，开始了它的处女航行，前往目的地美国纽约。同年4月14日，它在北大西洋撞上了冰山，次日凌晨，这艘号称“永不沉没的皇家油轮”沉入了海底，1523人遇难，这是和平时期最为严重的一起海难事故。

答案是：海冰！

一切出现在海上的冰统称为海冰。它包括由海水冻结而成的咸水冰、江河入海或大陆冰川滑入海中的淡水冰，以及我们在影片《泰坦尼克号》里看见过的冰山。其中咸水冰是固体冰和卤水，也包括一些盐类结晶体等组成的混合物，其盐度比海水低。

海冰

海冰是淡水冰晶、卤水和气泡的混合体。

按发展阶段

可分为初生冰、尼罗冰、饼冰、初期冰、一年冰和老冰 6 大类。

按运动状态

可分为固定冰和浮冰两大类，浮冰通常也叫“流冰”。固定冰与海岸、海底或岛屿冻结在一起，能随海面升降，不能水平移动；流冰漂浮在海面，随着海面风向和海流向各处移动。

海冰

小贴士

海冰与海岸或海底冻结在一起，称为“固定冰”；能随风、海流漂移的冰称为“浮冰”，也叫“流冰”。

当潮位变化时，固定冰能随之发生升降运动。固定冰多分布于沿岸或岛屿附近，其宽度可从海岸向外延伸数米甚至数百千米。海面以上高于 2 米的固定冰称为“冰架”；而附在海岸上狭窄的固定冰带，不能随潮汐升降的部分，称为“冰脚”。搁浅冰也是固定冰的一种。

流冰是自由漂浮在海面上的，可由大小不一、厚度各异的冰块形成，但由大陆冰川或冰架断裂后滑入海洋且高出海面 5 米以上的巨大冰体属于冰山，而不能算是流冰。

流冰面积小于海面的 1/10 ~ 1/8，且可以自由航行的海区称为开阔水面；当没有流冰，即使出现冰山，该海域也称为无冰区。流冰一般不连接，但在某些条件下，例如流冰搁浅相互挤压可形成冰脊或冰丘，有时高达 20 余米。

海冰在冻结和融化过程中，会引起海况的变化；流冰会影响船舰的航行，甚至可能会危害海上的建筑物。

辽东湾海域的海冰

海冰的抗压强度主要取决于海冰的盐度、温度和冰龄。通常新冰比老冰的抗压强度大，低盐度的海冰比高盐度的海冰抗压强度大，所以海冰不如淡水冰坚硬。冰的温度愈低，抗压强度也愈大。

海冰的盐度是指其融化后海水的盐度，一般为3‰～7‰。海水结冰时，是其中的水冻结，而将其中的盐分排挤出来，部分来不及流走的盐分以卤汁的形式被包围在冰晶之间的空隙里形成“盐泡”。此外，海水结冰时，还将来不及逸出的气体包围在冰晶之间，形成“气泡”。因此，海冰实际上是淡水冰晶、卤汁和气泡的混合物。

海冰盐度的高低取决于冻结前海水的盐度、冻结的速度和冰龄等因素。冻结前海水的盐度越高，海冰的盐度可能也高。结冰时气温越低，结冰速度越快，来不及流出而被包围进冰晶中的卤汁就越多，海冰的盐度也就越大。在冰层中，由于下层结冰的速度比上层要慢，故盐度随深度的加大而降低。当海冰经过夏季时，冰面融化也会使冰中卤汁流出，导致海冰盐度降低，在极地的多年老冰中，盐度几乎为零。

海冰的密度比纯水冰要低，因为在海冰内一般都含有气泡。由于海冰密度比海水小，所以它总是浮在海面上。

海水结冰需要三个条件：首先，气温比水温低，水中的热量大量散失；其次，海水温度达到结冰温度，也就是通常所说的“冰点”，或到冰点以下；第三，水中有悬浮微粒、雪花等杂质凝结核。

淡水在4℃左右密度最大，水温降到0℃以下即可结冰。海水中含有较多的盐分，由于盐度比较高，结冰时所需的温度比淡水低，密度最大时的水温也低于4℃。随着盐度的增加，海水的冰点和密度最大时的温度也逐渐降低。

海冰初生时，呈针状或薄片状冰晶；继而形成糊状或海绵状；进一步冻结后，成为漂浮于海面的冰皮或冰饼，也叫莲叶冰；海面布满这种冰后，便向厚度方向延伸，形成覆盖海面的灰冰和白冰。

相关链接

海冰与苦咸水淡化

冰是单矿岩，不能和盐物共处。水在结晶过程中，会自动排除杂质，以保持其纯净。因此，海水冻结时产生的冰晶，是淡水冰。但是，结冰过程往往较快，会使一些盐分以“盐泡”的方式保存在冰晶之间，冰晶外壁也会黏附上一些盐分，所以海冰实际上不是淡水冰，还是有咸味的。海冰比海水的盐度要小得多。

冰晶间的盐泡不是静止不动的，它的浓度高而比重大，因重力而沿冰晶间隙下坠，因此海冰顶部的盐度要比底部小。另外，冰中如果温度不均匀，会使盐泡向高温方向移动。

留在冰块里的盐泡，在气温升高到融化点时，往往互相沟通，盐汁漏出于冰块之外，使海冰表面千疮百孔。

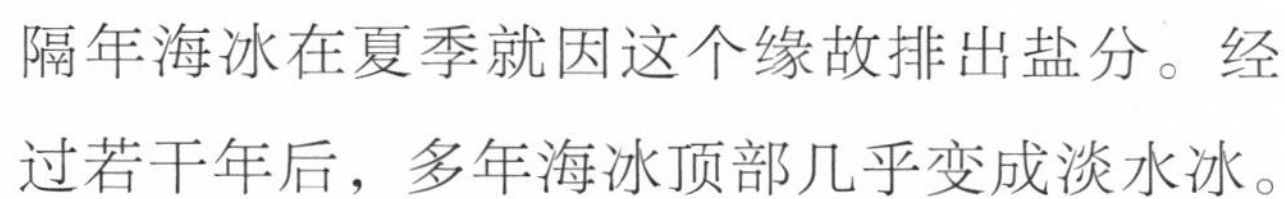

隔年海冰在夏季就因这个缘故排出盐分。经过若干年后，多年海冰顶部几乎变成淡水冰。

中国西北某些地区，干旱而且水质苦咸，那里的人们就创造了结冰法淡化苦咸水的方法。他们在冬天把冰块搬进水窖和农田里，待春暖后再饮用和灌溉。据试验，这种方法的除盐率达到了60%～80%。

海水具有显著的季节性和年际变化。北半球冰界以3～4月最大，面积约1100万平方千米，8～9月最小，约700～800万平方千米，多为3～4米厚的多年冰。南半球冰区以9月最大，面积约1880万平方千米，3月最小，面积约260万平方千米，多为2～3米厚的“一冬冰”。

中国近海的海冰只限于渤海及黄海北部沿岸。这些地区因所处的地理位置及受气象条件影响，每年冬季皆有不同程度的结冰现象。在气候正常的年份，冰情并不严重，对航行和海上生产危害不大。但在某些“冷冬”年份，冰冻现象严重，沿岸浅水区堆积着厚冰，某些海面被海冰覆盖，致使航道封冻，交通中断。对于“暖冬”来说，冰情很轻，只在辽东湾北部及其他沿岸港湾河口附近才见有冰。

海冰对海水温度、盐度、水色等的垂直分布、海水运动、海洋热状况及大洋底层水的形成有重要影响。海水结冰过程可把表层高溶解氧的海水向下输送，同时把底层富含浮游植物所需要的营养盐类的肥沃海水输送到表层，有利于生物的大量繁殖。因此，有结冰的海域，特别是极地海区往往具有丰富的渔业资源。海冰融化时，表层会形成暖而淡的水层覆盖在高盐的冷水之上，使海水成层分布。

斯堪的纳维亚半岛在冬季的卫星图像

海冰的存在对潮汐、潮流的影响极大，它将阻碍潮位的降落和潮流的运动，减小潮差和流速；同样，海冰也将使浪高减小，阻碍海浪的传播等。

当海面有海冰存在时，海水通过蒸发和湍流等途径与大气所进行的热交换大为减少，同时由于海冰的热传导性极差，对海洋起到了隔热作用。海冰对太阳辐射的反射率大，以及其融化吸热等，都能制约海水温度的变化，所以在极地海域水温的年度变化幅度只有1摄氏度左右。

极地海区特别在南极大陆架上海水的大量冻结，使冰下海水具有盐度大、低温、高密度的特性，它沿大陆架向下滑沉可至底层，形成所谓南极底层水，并向三大洋散布，从而影响海洋的水文状况。

海冰能直接封锁港口和航道，阻断海上运输，毁坏海洋工程设施和船只；冰山不仅是航海的大敌，漂浮在海洋上的巨大冰块和冰山，受风力和洋流作用而产生的运动，在流速不太大的情况下，其推力甚至能够推倒石油平台等海上工程建筑物。

海冰对港口和海上船舶的破坏力，除推压力外，还有海冰胀压力造成的破坏。这种胀压力可以使冰中的船只变形而受损；此外，还有冰的竖向力，当冻结在海上建筑物的海冰，受到潮汐升降引起的竖向力时，往往会造成建筑物基础的破坏。

南北极多年不化的海冰，叫作封海冰。封海冰与海岸相连，面积巨大。封海冰破碎后随洋流漂泊四方，南北极有不少科学站就以此为根据地研究探索极地的奥秘。航海史上，出现过某些海船被封海冰挟持漂流无法返回大陆的悲惨纪录。

总之，海冰不仅对海洋水文状况自身有影响力，对大气环流和气候变化也会产生巨大的影响，而且会直接影响人类的社会实践活动。20 世纪 40 年代以来，高纬度沿海国家相继开展了海冰观测和研究工作，发布冰山险情和海冰预报。目前，利用岸站、船舶、飞机、浮冰漂流站、雷达及卫星等多种途径对海冰和冰山进行观测，并利用数理统计、天气学和动力学方法发布海冰的长、中、短期预报。中国目前也已加强了这方面的工作。

四　不安分的海水

别老看韩剧了！陪我去海边。
寒流来了……

原来你说的是能导致沿岸降温的寒流啊。
早告诉你寒流来了，非不听。

炎热的夏季，人们都喜欢到海边去乘凉。而在寒冷的冬季，大多数人喜欢宅在家里，可也有些人偏偏与众不同，他们喜欢冬泳，尤其喜欢在“三九”天跳进海水里游泳。

你可能会想，这些人是不是在“作秀”？这时候游泳，不怕冻成冰棍吗？

你知道他们会怎么说吗？很多参加冬泳的人都说，在海里比在岸上舒服，因为这时候海水的温度比气温要高。

之所以会这样，是因为海水储存热量的能力比空气要强。

热量指的是由于温差的存在而导致的能量转化过程中所转化的能量。它与做功一样，都是系统能量传递的一种形式，并可作为系统能量变化的量度。

海洋热量的收入和支出情况，直接影响到海水温度的变化。而海水温度的变化是导致海水不安分的重要因素之一。

海水的种种不安分行为，通常被称为“海水运动”。

海水水体以及海洋中的各种组成物质，构成了对人类生存和发展有着重要意义的海洋环境。海水运动是海洋环境的核心内容，主要由四部分构成，分别为海水运动形式、洋流的成因、洋流的分布以及洋流对地理环境的影响。

海浪

海水受海风的作用和气压变化等影响，离开原来的平衡位置，而发生向上、向下、向前和向后方向的运动，就形成了海上的波浪。

波浪是一种有规律的周期性的起伏运动。当波浪涌上岸边时，海水深度越来越浅，下层水的上下运动受到了阻碍，由于存在惯性作用，海水的波浪一浪叠一浪，越涌越多，一浪高过一浪。与此同时，随着水深的变浅，下层水运动所受阻力越来越大，其运动速度最终会慢于上层水的运动速度，受惯性作用，波浪最高处向前倾倒，摔在海滩上，成为飞溅的浪花。

小贴士

为什么海浪总是垂直于海岸线迎面袭来？

答案：海面上的波浪在深海处传播的速度总是比浅海处的传播速度快，越是近海岸，海水越浅，波浪的速度越慢；相同的时间内，海浪在深水域中走过的距离较大，在浅水域中经过的距离较短，因此，在深浅海域分界线处发生了海浪的波长和传播方向的改变，海浪的传播方向变得渐渐垂直于海岸线了。在远离海岸的大海深处，海浪的行进方向取决于海风与海流的方向，并不一定朝观察者迎面而来。

潮汐

由于太阳和月亮引力的作用，地球的岩石圈、水圈和大气圈中分别产生周期性的运动和变化，这些运动和变化总称为“潮汐”。

固体地球在日、月引力作用下引起的弹性—塑性形变，称为固体潮汐，简称固体潮或地潮；海水在日、月引力作用下引起的海面周期性的升降、涨落与进退，称为海洋潮汐，简称海潮；大气各要素，如气压场、大气风场、地球磁场等，受日、月引力的作用而产生的周期性变化，称为大气潮汐，简称气潮。其中由太阳引起的潮汐称为太阳潮，由月球引起的潮汐称为太阴潮。由于月球距地球比太阳近，对海洋而言，太阴潮比太阳潮显著。地潮、海潮和气潮的原动力都是日、月对地球各处引力不同而引起的，三者之间互有影响。

大洋底部地壳的弹性—塑性潮汐形变，会引起相应的海潮，也就是说，对海潮来说，存在着地潮效应的影响；而海潮引起的海水质量的迁移，改变着地壳所承受的负载，使地壳发生可复的变曲。气潮在海潮之上，它作用于海面上引起其附加的震动，使海潮的变化更趋复杂。完整的潮汐科学，其研究对象是将地潮、海潮和气潮作为一个统一的整体，但由于海潮现象十分明显，且与人们的生活、经济活动、交通运输等关系密切，因而人们习惯将潮汐一词狭义理解为海洋潮汐。

小贴士

海水上涨称为“潮”，下落称为“汐”，对吗？

答案：不对。海面因为受到引力影响而发生的周期性涨落现象，叫做潮汐。白天出现的海水涨落称为“潮”，夜晚出现的海水涨落称为“汐”。

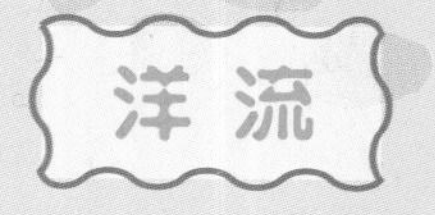

洋流

海里的水总是依照有规律的明确形式流动，循环不息，称为洋流，又叫海流。海流以流去的方向作为流向，而平常我们说的“风向”正好与“流向”的定义相反。

盛行风是使海流运动不息的主要力量。海水密度不同，也是海流成因之一。冷水的密度比暖水高，因此冷水下沉，暖水上升。基于同样的原理，两极附近的冷水也下沉，在海面以下向赤道流去。抵达赤道时，这股水流便上升，代替随着表面海流流向两极的暖水。

岛屿与大陆的海岸，对海流也有影响，不是使海流转向，就是把海流分成支流。不过一般来说，主要的海流都是沿着各个海洋盆地四周环流的。受地球自转影响，北半球的海流以顺时针方向流动，南半球的海流则相反。

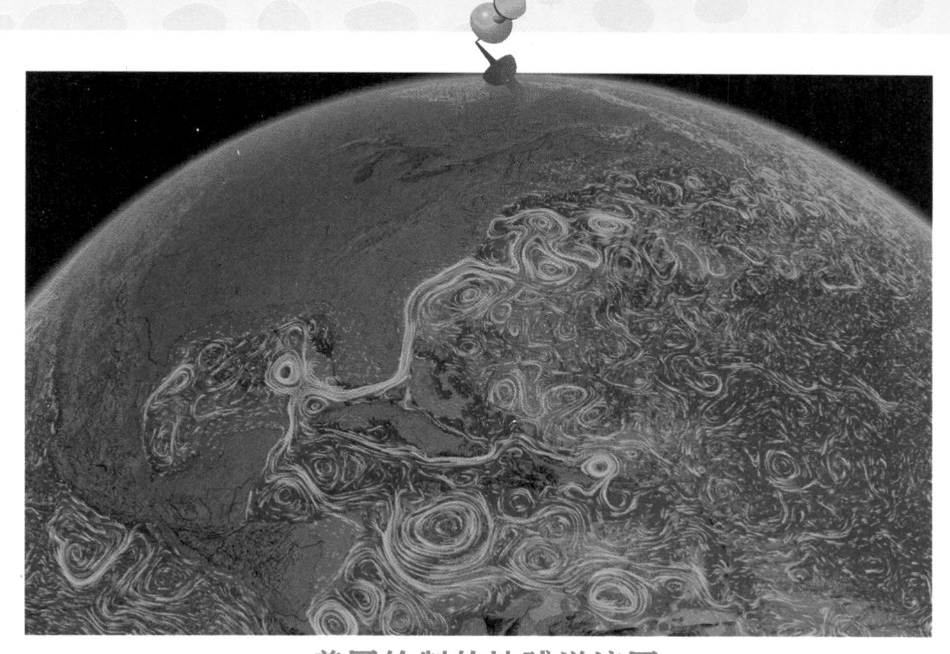

美国绘制的地球洋流图

洋流的成因可以分为三类，分别称为风海流、密度流和补偿流。

风海流也叫吹送流或漂流，是在风力作用下形成的。盛行风吹拂海面，推动海洋水随风漂流，并使上层海水带动下层海水，形成规模很大的洋流，这就是风海流。大气运动和近地面风带，是海洋水体运动的主要动力。世界上的洋流大多数是风海流。

由于各海域海水的温度、盐度不同，引起海水密度的差异，导致海水的流动，叫做密度流。在海洋中除多见于河口区外，也常见于相邻海盆之间。世界上最强大的洋流，如湾流、黑潮，都属于与海水密度分布有关的海流。由于洋流密度的不同，当洋流向上翻滚时，将海底沉淀的营养物质翻腾到海洋表面，这样就给海洋生物提供了大量饵料，有利于鱼类的聚集与繁衍，从而形成大型渔场。

海洋渔场

小贴士

从极地流向赤道地区的都是寒流，而从赤道地区流向极地的都是暖流，对吗？

答案：暖流和寒流都是相对于该洋流的温度与所流经海域的温度对比而言的，由高纬度流向低纬度的不一定是寒流，由低纬度流向高纬度的也不一定是暖流，所以暖流不代表温度一定高，寒流也不代表温度一定低。

由风力和密度差异所形成的洋流，使海水流出的海区海平面降低，相邻海区的海水流过来进行补充，这样形成的洋流叫作补偿流。补偿流是由海水挤压或分散引起的，其形成与风海流、密度流紧密联系。补偿流有水平的，也有垂直的。垂直补偿流又分为上升流和下降流。垂直补偿流主要发生在沿岸地区。

大气运动是海洋水体运动的主要动力。陆地形状和地转偏向力也会对洋流方向产生一定影响。

洋流按冷暖性质分类，可分为暖流和寒流。水温较流经海区水温高的是暖流，来自水温低处。寒流，亦称凉流、冷流，本身水温比周围水温低，来自水温高处。

按地理位置分类，洋流可分为赤道流、大洋流、极地流及沿岸流等。

南极卫星图

世界洋流的分布是有规律可循的，总体来讲，在中低纬海区，北半球顺时针流动，南半球逆时针流动，大陆沿岸“东暖西寒”。北半球中高纬度海域，形成逆时针方向流动的大洋环流。在南极洲周围海域，因终年受西风影响，形成横贯太平洋、大西洋、印度洋的西风漂流，属风海流，其性质为寒流，呈顺时针方向流动；南极环流为补偿流，性质为寒流，呈逆时针方向流动。北印度洋形成“夏季顺时针方向、冬季逆时针方向”的季风洋流。在索马里半岛附近，夏季形成寒流、冬季形成暖流，这主要与该海域夏季刮西南季风，冬季刮东北季风有关。

世界主要洋流循环示意图

全球的大洋环流，对高、低纬度间的热量输送和交换、调节全球的热量分布有重要意义。洋流对流经海区的沿岸气候、海洋生物分布和渔业生产、航海等都有影响，对人类文明进程和社会生活有着重要的贡献。

海洋牧场

洋流将多个不同海域的热能、养分及含氧量不同的海水传送至不同海区。暖流对流经沿岸地区的气候起增温、增湿的作用，寒流对流经沿岸地区的气候起降温、减湿的作用；如果洋流发生异常，就会使全球的大气环流发生异常，从而影响到气候。洋流对海洋生物分布的影响主要是形成渔场，全球四大渔场分为两类：一类是分布在寒暖流交汇的地方，另一类是分布在上升补偿流的地方。

陆地上的污染物质进入海洋之后，洋流可以把近海的污染物质携带到其他海域，使污染范围扩大。但是，随着洋流的运动，污染物质会传到其他海域，加快净化速度。

洋流对航海事业也有着重要影响，海轮顺洋流航行可以节约燃料，加快速度，所以航海一般选择近岸顺风、顺水。暖寒流相遇，往往形成海雾，对海上航行不利。此外，洋流从北极地区携带冰山南下，给海上航运造成较大威胁。

海流对海洋中多种物理过程、化学过程、生物过程和地质过程，以及海洋上空的气候和天气的形成及变化，都有影响和制约的作用。故了解和掌握海流的规律，对渔业、航运、排污和军事等都有重要意义。

五　天然大空调

我们还是用天然空调吧。
天然空调在哪里？

海洋就是我的天然大空调。

你有没有想过这样一个问题：为什么你会生在地球上，而不是火星或木星上？

你可能会说：这不是废话吗？火星和木星上能住人吗？

请允许我挑个刺：如果表达得再精确一些，你的反驳应该是这样的：“现如今，我们地球人能到火星和木星上去居住吗？”——记住，阐述科学问题，表达一定要精确。

你和我都明白，以现在的条件，或者说，以现在的科技发展水平，我们人类还不能到火星或木星上去居住。

也就是说，就我们目前所知，火星和木星上不存在我们这样的人类。

那么，你有没有想过，为什么地球上会有我们这样的人类呢？

简单说来，答案是这样的：地球上之所以有生命的产生和存在，是因为地球上有水，有大气，有组成生命物质必要的碳、氢、氧、氮等元素，有适中的地表气温。这些因素彼此关联，互相影响，持续长久地存在，使生命有一个相对稳定的发生、发展和进化的过程。

在这一过程中，适中的地表气温起到了决定性的作用。如果地球表面平均气温比现在高得多，则由于热扰动太强，原子根本不能结合在一起，碳、氢、氧、氮也就不可能形成分子，更不用说复杂的生命物质了；如果地球表面平均气温比现在低得多，则因气温过低分子将牢牢地聚集在一起，只能以固态和晶体存在，生命也无法形成和生存。

地球之所以能有现在这样的适合于生命发生、发展和进化的温度条件，原因有几点：首先，地球位于太阳系中，距离太阳远近适中；其次，地球公转轨道的偏心率小，表面温度变化不大；第三，地球自转速度较快，使得地表温度变化不是很快；第四，地球的体积和质量大小适中，热量散失较慢；第五，地球外围有一层厚厚的大气层，大气层的吸收、反射、散射等保护作用，维持了地表温度的稳定；第六，地球上海洋面积辽阔，像一个巨大的空调机，调节着地球表面的温度。

由于以上各种因素的共同作用，使地球表面温度白天不是太高，夜晚不是太低；夏天不是太高，冬天不是太低；间冰期时不是太高，冰期时不是太低；低纬度地区不是太高，高纬度地区不是太低。现在地球表面的平均温度为15摄氏度，陆地表面的平均温度为22摄氏度，适合各类生命物质的生存和发展。

海洋是全球气候系统中的一个重要环节，它通过与大气的能量物质交换和水循环等作用在调节和稳定气候上发挥着决定性作用，被称为地球气候的“调节器”。

海面与大气接触会产生热交换。如果水温比气温高，海洋就要向大气输送热量。一般来说，水温总是比气温高，海洋总是向大气输送热量的，不过这种交换失去的热量比蒸发消耗的热量小得多。

当海洋收入的热量超过支出的热量时，海洋为吸热增温过程；当海洋支出的热量超过收入的热量时，海洋为散热降温过程；当海洋收入与支出的热量相等时，海水的温度就不会变化。

每年，海洋的热量总是收支平衡的，所以一年中海洋的平均水温也是稳定的。不过，一年之中，海水的热量会在不同时期内和不同地区呈现出差异。这样，热量分布的不均衡就会引起海水温度在地理分布和不同季节中的变化。

小贴士

海洋表层热量收支

海洋表层热量收支，习惯上称海洋表层的热量平衡。实际上，就某一海域，某一时段而言，海洋表层的热量收支一般是不平衡的。

海洋表层的热量收支是海洋热学和海洋气候学的重要内容，可用于气候理论、海洋环流、海—气相互作用和水分平衡的研究。

夏天，太阳辐射强，但因海水是透明的液体，太阳辐射可以传至较深的地方；再者通过潮汐和波浪也可把浅层吸收的能量传递到深层。因海水的比热大、热容量大，夏天吸收的太阳辐射能量大量地储存在海水中，而不是完全地辐射传递给大气，所以造成夏天气温不是太高。冬天时，太阳辐射较弱，海水得到的能量较少，但海水夏天储存的太阳辐射能量在冬天辐射出来，使冬天的气温不至于过低。

地球上的水可以进行气态、液态、固态三态的转换，并且能够在海陆间、海上、内陆进行循环。在水循环以及水进行形态转化的同时，能量也产生了转换和转移。当一种或多种原因使气温升高时，固态的水就会转变成液态，液态的水也会转变成气态的水，这一转化过程会吸收大量的能量，使气温升得不至过高。当一种或多种原因使气温降低时，气态的、液态的水就会转变成固态的水，释放出大量的能量，使气温降得不至过低。在地球这个大系统中，借助水的三态转化和水循环所导致的能量的转移和转换，不同时间、不同地域的能量得以交换。

水的三态转化

水蒸气

地球表面有71%被海水覆盖，海水的比热大大地超过了陆地和空气的比热。所以，海洋吸收的热量比陆地大得多。海洋热量的来源，主要是接受太阳辐射和大气对海面的热辐射。海洋散热的过程是通过海面辐射、海水蒸发和水体交换的方式进行的。海面每时每刻都在向外辐射自己的热量，辐射热量的多少与海面的温度有密切的关系，水温越高，辐射越强。

根据测量和统计得知，海面辐射的热量大约是海面吸收太阳辐射热量的42%。海水在蒸发过程中，消耗了大量的热量，蒸发得越快，热量散失就越多。蒸发速度取决于海面上空的水汽含量和空气的流通状况，海面空气越干燥，风速越大，海水蒸发越快。海水因蒸发失去的热量，大约是海水吸收太阳辐射热量的一半以上。

海洋是大气中水蒸气的主要来源。海水蒸发时会把大量的水汽从海洋带入大气，海水的蒸发量大约占地表水总蒸发量的84%，每年可以把36000亿立方米的水转化为水蒸气。因此，海洋的热状况和蒸发情况直接左右着大气的热量和水汽的含量与分布。

表层海水与大气间的相互作用造成了地球上的气候状况。海洋上表层3米的海水所含的热量就相当于整个大气层所含热量的总和。除此之外，洋流对气候也有不可忽视的影响。海洋环流把在低纬度地区吸收的太阳热量向极地方向输送，调节着地球表面的气候。

赤道附近的温暖海水通过环流流向南北极海域，极地寒冷的海水通过环流流向赤道海域，构成了世界大洋的环流。大洋环流是维持地球热量平衡的重要因素。

对陆地气候影响最大的海流是黑潮和墨西哥湾流。黑潮的高温高盐海水来自太平洋赤道海域，从菲律宾以东海域开始转向，紧贴中国台湾省东部进入东海，沿冲绳海沟流向东北，经日本列岛沿海直达北太平洋。黑潮的海水温度和盐度明显高于两旁的海水，高温高盐的黑潮水，携带着巨大的热量，浩浩荡荡，不分昼夜地由南向北流淌，给中国、日本及朝鲜沿海带来雨水和适宜的气候。

小贴士

黑潮

黑潮是太平洋洋流的一环，为全球第二大洋流，黑潮较其他正常海水的颜色深，这是它得名“黑潮”的原因。其实，黑潮的本色清白如常，只是由于黑潮内所含的杂质和营养盐较少，阳光穿透过水的表面后，较少被反射回水面，海水看似蓝若靛青，所以被称为黑潮。

黑潮是一支强大的暖流。夏季，它的表层水温可达 30 摄氏度，到了冬季，水温也不低于 20 摄氏度。黑潮的流速相当快，最大流速能快过普通机械帆船，这就为洄游性鱼类提供了一个快速便捷的路径，向北方前进，故黑潮流域中可捕捉到为数可观的洄游性鱼类，及其他受这些鱼类所吸引过来觅食的大型鱼类。

海洋气象学家的研究告诉人们，通过对冬季黑潮水温的变化，可以预测来年的气候。对中国与日本等国气候影响最大的，是黑潮的“蛇形大弯曲”。所谓“蛇形大弯曲”也叫“蛇动”，是指黑潮主干流有时会形如蛇爬那样弯弯曲曲。人们发现，如果“蛇形大弯曲”远离日本海岸，结果是沿岸的气温下降，寒冷干燥；相反，则使日本沿岸气温升高，空气温暖湿润。

海洋学界都承认黑潮是中国人最早发现的。在中国明、清两朝，冲绳王国是中国属国。每当老国王去世、新国王继位，必须得到中国皇帝的册封才算合法。中国册封使臣的官船由福州出发，以钓鱼岛为导航标志，穿过黑潮到达冲绳。中国册封使臣的座船过黑潮时要举行祭海仪式。在中国使臣回国后的“报告”和著作中，有许多关于黑潮的记载。当时中国称黑潮为“落极”。海洋学家说，中国人发现黑潮已有数千年之久。

流传至今的祭海大典

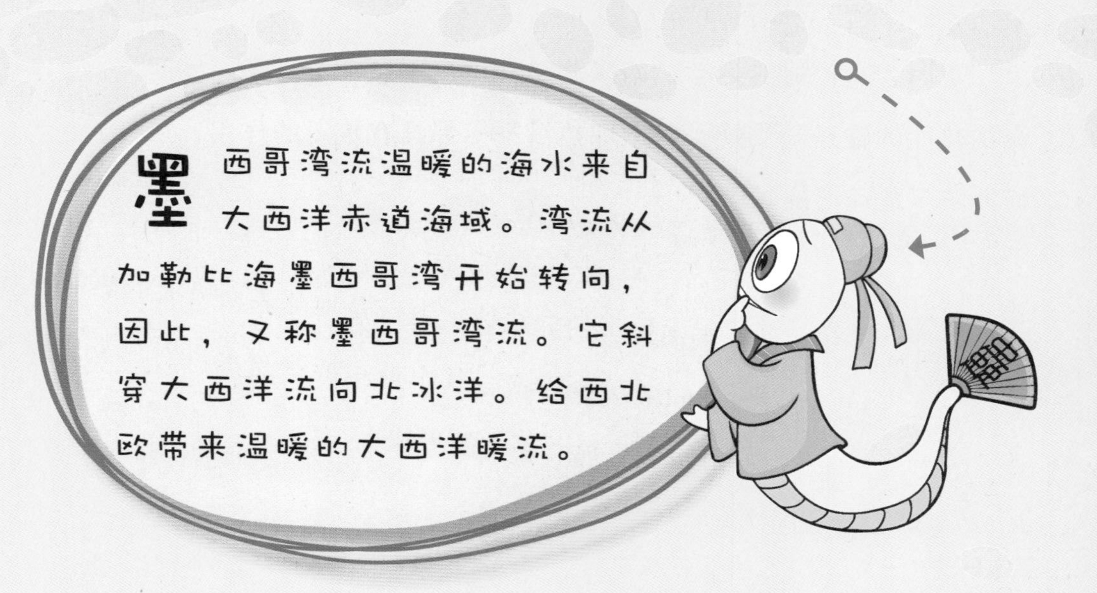

除了暖流之外还有寒流。寒流由极地海域流向赤道海域。寒流流经的沿海地区比暖流流经的沿海地区气候要冷得多。

洋流是地球上热量转运的一个重要动力。它调节了南北气温差别，在沿海地带等温线往往与海岸线平行就是这个缘故。暖流在与周围环境进行热量交换时，失热降温，海面和它上空的大气得热增湿；而寒流在与周围环境进行热量交换时，得热增温，使海面和它上空的大气失热减湿。一般来说，有暖流经过的沿岸，气候比同纬度其他地区温暖；有寒流经过的沿岸，气候比同纬度其他地区寒冷。

正因为有洋流的运动，南来北往，川流不息，对高低纬度间海洋热能的输送与交换，对全球热量平衡都具有重要的作用，从而调节了地球上的气候。

海洋是地球上决定气候发展的主要因素之一。海洋本身是地球表面最大的储热体。海流是地球表面最大的热能传送带。海洋与空气之间的气体交换，其中最主要的有水汽、二氧化碳和甲烷，对气候的变化和发展有极大的影响。

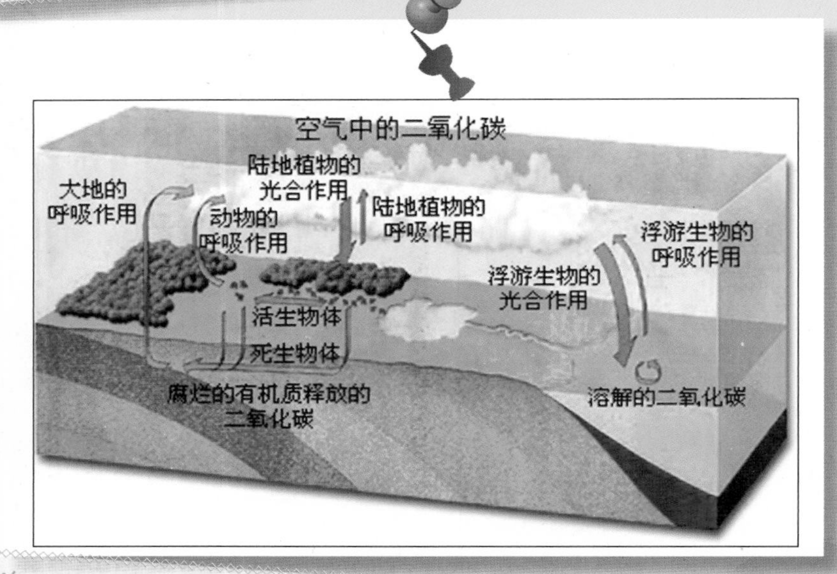

海洋还吸收了大气中40%的二氧化碳，而二氧化碳被认为是导致气候变化的温室气体之一。海洋是地球上最大的碳库，囊括了地球碳总储量的93%，是大气的50倍，陆地生态系统的20倍。现在，全球大洋每年从大气中吸收二氧化碳约20亿吨，占全球每年二氧化碳排放量的1/3左右。

奇闻趣事

深海通道——世界气候系统的机房

经过 50 多年的研究，澳大利亚的科学家在南半球发现了一个从未被人所知的深海通道。这一深海洋流穿过塔斯曼海，流经塔斯马尼亚，直达南大西洋。此前的研究，使科学研究人员认为南半球的海洋是全球气候变化之“肺”，这一海域吸收了全球近 1/3 的二氧化碳，而新的研究表明，新发现的这条深海通道是世界气候系统的机房。

澳大利亚国家科学与工业研究组织的科学家肯·里奇威指出，这股洋流从塔斯曼海流出，平均深度为 800 到 1000 米，在传送带对气候变化方面发挥着重要的作用。洋流是海洋中海水从一个海区水平或垂直地流向另一个海区的大规模的非周期性运动。而在塔斯马尼亚以南，深海洋流形成了一个交汇点，连接着南半球海洋的主要海底洋流。由于从塔斯曼海流出，研究人员将新发现的深海通道命名为“塔斯曼流”。

随着“深海通道”的发现，一个“世界气候系统的机房”也暴露在了科学家们面前。根据数据样本的分析，研究人员确定南半球海洋涡旋之间有一个连接纽带。这一连接纽带又形成一个全球规模的超级涡旋，在三大海洋盆地间传送海水。这些涡旋能从大海深处向大陆架斜坡输送营养。它们还带动全世界海洋的流动，把热带地区的海洋热量输送到极地地区，或者形成洋流和潮汐以帮助平衡气候系统。

海洋对气候变化的影响还不仅仅于此。一些科学研究人员甚至发现，引潮力很大时，深海海水会上升至海洋表面，并逐渐吸收二氧化碳，由此调节全球气温。所以，引潮力也被称为地球的“恒温器”。

海洋中和海洋边缘的地震也是调节气候的恒温器之一。强烈的地震波造成洋底大面积震动，并往往引起巨大的地震、海啸。而这两种原因都可使海洋深部的冷水迁移到海面，使水面降温。海水降温可吸收较多的二氧化碳，从而使地球气温降低。赤道两侧有 8.5 级海震时地球上气温会降低，缺乏这种大海震时地球上气温会升高。

另一方面，气候变化对海洋也造成了巨大影响。气温上升导致海平面和海水温度随之升高，而海洋对二氧化碳的过度吸收则引发了海水酸化，这些都对海洋和海岸生态系统造成破坏，被认为是珊瑚白化、珊瑚礁死亡、小岛屿遭淹没等一系列问题的根源。

此外，气候变化还使海洋的气候模式与洋流发生了变化，从而加大了海洋灾害的程度。尤其是海水酸化后发生倒灌，进入陆地后会对河口、入海口等生态系统造成重大影响。

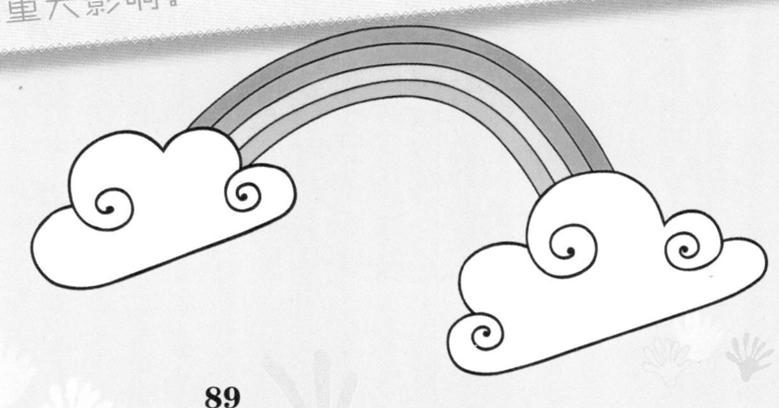

六　海水的坏孩子——台风

有风自海上来，不亦乐乎？
怪事了。

快跑！这是龙卷风！

格鲁西斯特港位于美国马萨诸塞州，几个世纪以来一直是著名的海港。这个港口有艘名叫“安德里亚·盖尔”的渔船，船长比利·泰恩是个捕鱼老手。不过，泰恩最近收获极少，于是决定到“弗莱米什”海域去碰碰运气。这一海域渔业资源特别丰富，但是距离港口较远，因此有一定风险。

与泰恩一起同行的还有博比·沙特弗德、戴尔·墨菲、艾尔弗雷德·皮亚里、巴戈斯和苏莉。这5个人性格各异，也都有各自的需求——沙特弗德需要支付律师费及开始新生活；墨菲需要供养家人；皮亚里生性风流；巴戈斯只想挣够钱娶个老婆安心度日；最后上船的苏莉与墨菲关系暧昧……

安德里亚起航了。不久，泰恩船长意识到，一场风暴即将来临。但是他对他的伙伴们很有信心，认为他们一定能够战胜风暴，满载而归。但一切都出乎他的意料，强大的“爱丽丝”飓风与另外两股强气流相遇，汇合成威力无比的特大风暴。由于天线受损，比利·泰恩没有及时得到最新的气象信息。“安德里亚·盖尔”号和其他渔船在海上与风浪搏斗，并准备紧急靠岸。这时空军和海岸警卫队也迅速出动了直升机和快艇，从而展开了一场惊心动魄的海上营救行动……

电影《完美风暴》是根据著名作家塞巴斯蒂安·荣格尔的同名小说改编而成的。它取材于一个真实的故事——1991 年秋天，在马萨诸塞州的格鲁西斯特发生了一次前所未有的特大风暴，只是几个渔夫不忍满舱的鲜鱼烂掉，因而铤而走险，以致遭遇风暴葬身大海。影片中所展现的“与命运抗争”的精神，令人震撼。几条硬汉与飓风的殊死搏斗，以及海岸巡防队舍己救人的英勇行为，场面壮观，具有撼人心魄的感染力。

这部电影中有个令人恐怖的反面角色，就是飓风。

飓风是诞生于海洋上的“坏孩子”，它是“海洋怒气”的产物。

飓风是怎么产生的？当然是妈妈生的，那么它的妈妈是谁呢，其实就是温暖的海水。飓风产生于热带海洋上，温暖的海水是它的“动力燃料”。热带海面上的空气旋转流动，形成强大而深厚的热带气旋，当热带气旋的中心风力达到 12 级以上时，就称为“飓风”。

飓风形成需要三个条件：温暖的水域、潮湿的大气，并且海洋洋面上的风能够将空气变成向内旋转流动。在多数风暴结构中，空气会变得越来越暖并且会越升越高，最后流向外界大气；而如果在这些较高层次中的风比较轻，那么这种风暴结构就会维持并且发展。

飓风通常由外围区、最大风速区和风眼三部分组成。它的中心称为“飓风眼”，这个区域相对来说比较平静。最猛烈的天气现象发生在靠近飓风眼的周围大气中，称之为“眼墙”。在眼墙的高层，大多数空气向外流出，从而加剧大气的上升运动。

在北半球，飓风呈逆时针方向旋转，而在南半球则呈顺时针方向旋转。

飓风是由天气引发的一种天灾，它停留在洋面上时，还只是灾害，而一旦登陆就会酿成巨大的灾难。来自热带海洋的飓风不仅具有强风所需的巨大能量，而且还携带着大量水气，登陆后往往带来暴雨或特大暴雨。飓风带来的强风能够轻易地摧毁简陋的建筑物和移动住房，对人员的伤害极大，也会带来巨大的混乱和死伤。如果飓风在地势低洼的区域登陆，引发的洪水无法迅速排泄，且无法及时救援，因而人员伤亡和财产损失会更重。

飓风眼

被飓风摧毁的家园

相关链接

飓风“卡特里娜”

2005 年 8 月 25 日，“卡特里娜”飓风在美国佛罗里达州登陆，气势汹汹地扑向美国路易斯安那州和密西西比州沿海。美国南部名城新奥尔良开始了史无前例的全城大撤离，总计大约 48 万居民离开家园。因为据气象学家预计，“卡特里娜”飓风带来的巨浪和洪水将高达近 10 米，将超过该市防洪墙的高度，可能对该城市造成灾难性的打击。8 月 29 日，飓风杀了个“回马枪”，登陆美国路易斯安那州和密西西比州，数以万计的房屋被淹，数十万户家庭断电，此次飓风造成 100 多万人流离失所，带来的经济损失是“911”事件的 7 倍多。飓风“卡特里娜”已经成为美国历史上最严重的十大自然灾难之一。

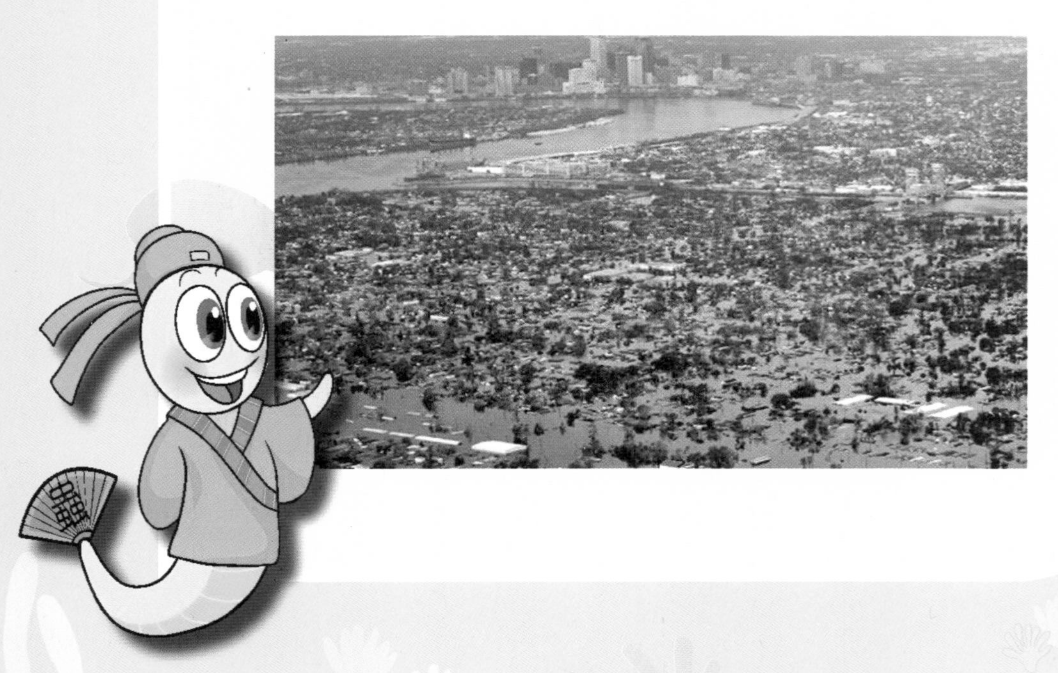

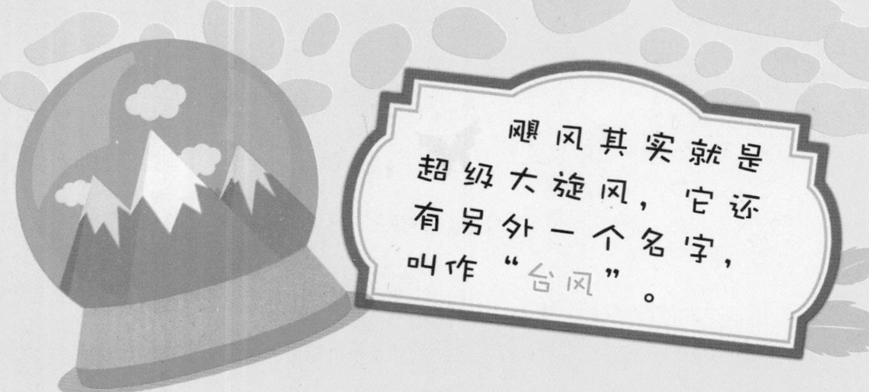

这个名字可是有来历的。在古希腊传说中，众神之母盖娅有个很变态的儿子，名叫 Typhon，是一头长有一百个龙头的魔物，传说这个魔物的孩子就是可怕的大风，其实 Typhon 翻译成中文，读作“泰丰”，本身就和“台风”谐音。

台风和飓风是同一种风，只是发生地点不同，叫法不同，在北太平洋西部、国际日期变更线以西，包括南中国海范围内发生的热带气旋称为台风；而在大西洋或北太平洋东部的热带气旋则称飓风，也就是说在美国一带称飓风，在菲律宾、中国、日本一带叫台风。习惯上，台风亦被用来统称所有在西北太平洋发生的热带气旋。

台风“纳沙”袭击海南岛

小贴士

热带气旋

热带气旋是发生在热带海洋上的强烈天气系统，它像在流动江河中前进的涡旋一样，一边绕自己的中心急速旋转，一边随周围大气向前移动。在北半球热带气旋中的气流绕中心呈逆时针方向旋转，在南半球则相反。愈靠近热带气旋中心，气压愈低，风力愈大。但发展强烈的热带气旋，如台风，其中心却是一片风平浪静的晴空区，即台风眼。

热带气旋通常在热带地区赤道附近的海面上形成，生成时间为每年的8~9月，夏末秋初之时，8月份台风最活跃，而9月份则是台风平均强度最强的月份。2月份台风最不活跃，也是台风均强度最弱的月份。

不同的地区习惯上对热带气旋有不同的称呼。西北太平洋沿岸的中国、韩国、日本、越南与菲律宾等地，习惯上称当地的热带气旋为台风。而大西洋和东北太平洋沿岸地区则习惯按照强度称当地的热带气旋为“热带低气压”“热带风暴”或“飓风”。南半球和北印度洋地区则采用“气旋”作为“热带气旋”的简称。发生在孟加拉湾和阿拉伯海的热带气旋，称为“气旋性风暴”；靠近菲律宾的，叫作“碧瑶风”；出现在南印度洋和澳大利亚北部沿岸海面上的，称为“威力—威力”，意思是诡计多端、狡猾可怕，重复“威力”，告诉人们要加倍警惕；发生在马达加斯加东部印度洋海面上的，称为“毛里求斯”。在气象学上，只有风速达到某一程度的热带气旋，才会被冠以“台风”或“飓风”等名字。

台风路径大致可分为三类：

一类自菲律宾以东一直向西移动，经过南海，最后在中国海南岛或越南北部地区登陆，这种台风叫作“西进型台风”；

另一类台风向西北方向移动，穿过台湾海峡，在中国广东、福建、浙江沿海登陆，并逐渐减弱为低气压，这种台风叫作“登陆型台风”；

还有一类台风先向西北方向移动，当接近中国东部沿海地区时，不登陆而转向东北，向日本附近转去，路径呈抛物线形状，这就是“抛物线型台风”。

超强台风“海燕”使菲律宾446万人受灾

台风形成后，一般会经过发展、成熟、减弱和消亡的演变过程。台风一般伴随强风、暴雨，登陆后往往带来暴雨或特大暴雨，给当地生产和生活造成重大损失。

相关链接

热带风暴

热带风暴是热带气旋的一种。根据世界气象组织采用的标准，热带风暴比台风的平均风速要慢，因此可以把它看作“小台风”。热带风暴底层中心附近的风力可达 8~9 级，风力达到 10~11 级的，叫作“强热带风暴”。

热带风暴于热带或亚热带地区海面上形成。当热带风暴登陆后，或者当热带风暴移到温度较低的洋面上，便会因为失去温暖、潮湿的空气供应能量，而减弱消散，或失去热带风暴的特性，转化为温带气旋。如果热带风暴继续增强，就会形成台风。

台风的可怕，不仅仅在于它登陆后造成的危害，还在于它能够催生海水的其他几个“坏孩子”，这就是风暴潮、强风、龙卷风和洪水。

风暴潮又叫“风潮”，这个“风潮”可不是你经常在网上看到的那个抢购或者追星的“风潮”，就和气象学上的“寒流”不是我们经常提到的“韩流”一样。如果你真有胆子追着我所说的这个“风潮”跑，那你可真是……结果怎么样还不知道呢，夸你的话我先省了吧。

咱还是先来说说这个可怕的“风潮”。它是一种灾害性的自然现象，指由于剧烈的大气扰动，如强风和气压骤变导致海水异常升降，使受其影响的海区的潮位大大地超过平常潮位的现象。一般来说，导致海水升降异常的，多是台风和温带气旋等天气系统。

风潮的正式名称是“风暴潮”。它还有另外几个别名，为“风暴增水”“风暴海啸”和“气象海啸”，在我国历史文献中，风暴潮又被称作“海溢”“海侵”“海啸”及“大海潮”等，风暴潮灾害叫作“潮灾”。

国内外学者较多按照诱发风暴潮的大气扰动特性，把风暴潮分为由热带气旋所引起的台风风暴潮和由温带气旋等温带天气系统所引起的温带风暴潮两大类。

风暴潮灾害一年四季均可发生，从南到北所有沿岸均无幸免。较大的风暴潮，会引起沿海水位暴涨，海水倒灌，狂涛恶浪，泛滥成灾。

风暴潮灾害居海洋灾害之首位，世界上绝大多数因强风暴引起的特大海岸灾害都是由风暴潮造成的。中国是世界上两类风暴潮灾害都非常严重的少数国家之一。

把飓风与我们经常玩儿的网络游戏做个类比，我们人类是玩家，飓风就相当于怪兽中的boss，而风暴潮是它派出的第一个重量级怪物，而这一类的怪物还有强风和洪水等。

飓风带来的强风，风速绝对不会小于120千米/小时，能够毁坏结构不坚固的建筑或可移动的房屋；它带来的强降水往往能引发有严重危害性的、致命的洪水灾害，这也是威胁内陆地区最主要的灾害。此外，飓风还能够带来旋风，从而使得飓风的危害性变得更大。这些旋风往往在紧挨着飓风中心的雷暴雨带的内部产生，偶尔也能在飓风的眼墙中产生。在这些旋风中，隐藏着飓风最具杀伤力的手下，那就是龙卷风。

龙卷风是一种伴随着高速旋转的漏斗状云柱的强风涡旋，其中心附近风速最大可达 300 米/秒，比台风近中心最大风速还要大好几倍。它具有很大的吸吮作用，可把海水或湖水吸离水面，形成水柱，然后同云相接，俗称“龙取水”。

龙卷风是云层中雷暴的产物。具体地说，就是雷暴巨大能量中的一小部分在很小的区域内集中释放的一种形式。龙卷风常发生于夏季的雷雨天气，尤以下午至傍晚最为多见。龙卷风的袭击突然而猛烈，产生的风是地面上最强的，破坏力往往超过地震。它对建筑的破坏也相当严重，经常是毁灭性的。

飓风龙卷风大多出现在飓风行进方向的右侧，有时可以诱发多个龙卷风。研究显示，多于一半的登陆飓风产生至少1个龙卷风。1967年在美国登陆的一个飓风曾经生成了141个龙卷风。但一般来说，与飓风有关的龙卷风强度较弱，但龙卷风的确加大了飓风的影响区域。

以飓风为代表的热带风暴每年在全世界造成的损失高达60至70亿美元，它所引发的风暴潮、暴雨、洪水、暴风所造成的生命损失占所有自然灾害的60%。想要对付海洋的这些“坏孩子”，尽量避免损失，必须做好预测预报工作。

近年来，中国在海洋灾害的研究和预测方面已进入了国际先进行列，沿海岸边和岛屿已建成280个验潮站，成为世界上站网分布密度最高的国家之一，并且多次成功地发布了强风暴潮警报，对防灾抗灾起到了重要作用。

相关链接

热带风暴的预防措施

1. 注意收听有关天气预报，做好预防准备工作。

2. 房屋需要加固的部位及时加固，关好门窗。

3. 准备好食品、饮用水、照明灯具、雨具及必需的药品，预防不测。

4. 疏通泄水、排水设施，使之保持通畅。

5. 热带风暴到来时，要尽可能待在室内，减少外出。

6. 遇有大风雷电时，要谨慎使用电器，严防触电。

7. 密切注意周围环境，在出现洪水泛滥、山体滑坡等危及住房安全的情况时，要及时转移。

8. 风暴过后，要注意卫生防疫，减少疾病传播。

遇有大风雷电时，要谨慎使用电器，严防触电

尽可能待在室内，
减少外出

关好门窗

房屋需要加固的
部位应及时加固